みんなは、生活をするなかでいろいろな単位をつかっています。
小学校（算数）では長さ、かさ（体積）、広さ（面積）、重さ、時間を学習しますが、学習しない単位もたくさんあります。
この本では、学校で学習しない単位にもふれています。

この表はコピーして使用することができます。

広さ（面積）	重さ	時間
		時刻の読み方
		日　時　分
	kg　g　t	s（秒）
km² m² cm² ha　a		

出典：文部科学省が発表した学習指導要領

1メートルの竹尺を持って

東京都国立市にある国立学園小学校では、2年生が1mの竹尺を持って1mの長さのものをさがしまわりました。そのようすを写真で見てみましょう。
「竹尺」は、竹製のものさしのことで、1mの竹尺は、和裁などに用います。子ども用には30cmのものが多いですが、学校にはいろいろあります。

みんなは、廊下にある消火栓、給食室前のホワイトボード、職員室前のレターケース、家庭科室前の緑の掲示板などをはかりました。「おしい」「あと少し足りない」「これは？」などとくちぐちにいいながら、何度もはかっています。いろいろやっているうちに、1mがどのくらいの長さなのか、感じがつかめてきたようです。

モニターのたてと横は？

腰壁の高さ

ロッカーの高さ

消火栓の高さ

先生のつくえの幅

手を広げた長さは？

本棚の幅と高さ

黒板の高さ

佐藤純一校長先生のお話

国立学園小学校の佐藤純一校長先生の専門は算数。この「1m探検隊」は直接校長先生が担当！

　1mの長さの感覚を育てるには、実際に長さをはかってみることです。たとえば、自分の体だったらあごぐらい、教室だったら先生の机の横の長さ、校庭だったら低鉄棒の高さなどなど。さらに興味が出てきたら、新聞紙の対角線の長さ、45型テレビの横の長さなど、家のなかにあるものをさがしてみましょう。

　そして、あらためてオリンピックの陸上競技の記録とくらべてみましょう。きっと、びっくりしますよ。

はじめに

大昔の人類は、空に太陽がのぼるとともに起きて、しずむと寝るといった生活をしていました。そうした時代の人類がはじめてはかったものは、「時間」だと考えられています。夜空にうかぶ月が丸くなったり細くなったりする（月の満ち欠け）のを見て時間をはかったのです。その証拠として、月の満ち欠けの記録と思われる線が刻まれた石が、約3万年前の遺物から見つかっています。

やがて狩猟・採集生活をしていた人類は、土地に住みついて穀物を栽培するようになります。そうなると、なにをするにも道具が必要。さまざまな道具を発明します。そうしたなかで、「長さ」や「かさ（体積）」などをはかる（計量する）必要が出てきました。

古代エジプトでは、毎年ナイル川が氾濫し、その近くの農地が何か月ものあいだ水につかってしまいます。そして水が引いたあと、どこがだれの土地なのかがわからなくなってしまいました。このため、土地をもとどおりにするため、はかること（測量）がおこなわれました。

その後、農業が発展し、収穫量がどんどん増えていくと、それを売り買いするのに「かさ（体積）」や「重さ」をはかるようになります。

そうしたなか、都市国家が誕生。紀元前8000年ごろになると、そこでくらす人びとは、金銀・宝石・香料など、あらゆるものの取引をはじめます。

そうしているうちに、人類は「時間」や「長さ」、「かさ（体積）」、「重さ」のほか、さまざまな単位を必要におうじて発明していきました。

本シリーズは、現在わたしたちが日常的につかっているいろいろな単位について、みなさんが「目から鱗がおちる（新たな事実や視点に出あい、それまでの認識が大きくかわる状況をあらわす表現）」ように「そうだったんだ！」とうなずいてもらえるように企画したものです。題して「目からウロコ」単位の発明！シリーズ。次のように5巻で構成しています。

「目からウロコ」単位の発明！（全5巻）
① **いろいろな単位** 単位とはなにか？
② **長さ・角度・速さの単位** 人類は、いろいろなものをはかるようになった
③ **面積の単位** 洪水後の土地をもとどおりにはかるには？
④ **かさ・体積の単位** 農業の発展・収穫量を正しく知るには？
⑤ **重さの単位** 取引のために金銀・香料などをはかるには？

それでは、いつもつかっているいろんな単位について、「そうなんだ！　そうだったのか！」といいながら、より深く理解していきましょう。

子どもジャーナリスト　稲葉茂勝
Journalist for Children

もくじ

巻頭まんが「1メートルをさがせ」……1
1メートルの竹尺を持って……6
はじめに……8
もくじ……9

1 そもそも「長さ」とは？……10
どのくらい長いか（短いか）……10
「長さ」と同じ意味の言葉……10
日本の長さの単位……11

2 単位の歴史……12
古代文明では……12
古代の中国では……13
日本の長さの単位の歴史……13
[もっとくわしく] 尺貫法……13

3 世界共通の単位の決定……14
メートル原器とは……14
光の速さの基準……15
[もっとくわしく] 真空中の光の速さは299792458 m/s……15
地球の大きさの発見……16

4 mm、cm、m、kmの関係……18
10倍、100倍、1000倍する……18
1000分の1、100分の1、10分の1にする……18
[もっとくわしく] k（キロ）とc（センチ）……18

5 長さをはかる……19
いつ何どき長さが知りたくなるかも知れない……19
身近なものの長さ……20

6 「歩測」とは……22
歩幅のはかり方……22
歩幅がわかれば……22
歩幅をちぢめて……23

7 道のり・時間・速さ……24
1分間、1時間の場合……24
速さくらべ……25
[もっとくわしく] 道のりときょりのちがい……25
[もっとくわしく] 秒速、分速、時速……25

8 角度の単位……26
角度の単位は時間の単位と同じ12進法……26
見上げ角……27
建物や木の高さは目測で……27
[もっとくわしく] 見上げ角のはかり方……27

長さの感覚を育てよう！……28
用語解説……30
さくいん……31

この本の見方

参照ページがあるものは、→のあとにシリーズの巻数とページ数（同じ巻の場合はページ数のみ）を示している。

用語解説のページ（p30）に、その用語が解説されていることをあらわしている。

1 そもそも「長さ」とは？

「長さとはなにか…なんて、考えたことがない」という人も多いでしょう。「長さ」には、大きく分けて2種類あります。ひとつは、「2点間のきょり（空間的な長さ）」、もうひとつが「時間がどのくらい長いか（時間的な長さ）」です。

どのくらい長いか（短いか）

目に見えるものなら、ある点とある点（2点間のきょり）がどのくらい長いか（短いか）を示す言葉を、「（空間的な）長さ」とよんでいます。ここでは、この空間的な長さについて考えてみますが、長さには、もうひとつ「（時間的な）長さ」もあります。それも「長さ」といっていることは、わすれないようにしましょう。

たとえば、今ここに書かれている説明文の1行の長さが長いか短いかを考えるのが、「（空間的な）長さ」です。いっぽう、話して説明したときにどれくらい時間がかかるかは、「（時間的な）長さ」ということになります。

空間的、時間的、どちらの場合でも、長さが大きいことを「長い」、小さいことを「短い」といいます。

- 空間的な長さ：1点と1点とのきょり
- 時間的な長さ：時刻と時刻のへだたり

※「へだたり」とは、「きょり」「差」のこと

「長さ」と同じ意味の言葉

「長さ」は、上記の「きょり」「へだたり」のほか、「間隔」とか、英語の distance からきた「ディスタンス」という言葉が使われます。どの部分の「きょり」かによって「高さ」や「深さ」も「長さ」をいいかえた言葉としてつかわれます。

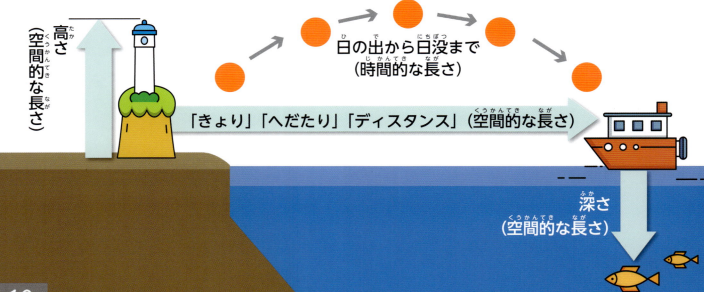

日本の長さの単位

日本では、長さの単位として「寸」や「尺」が長いあいだつかわれてきました（→①巻p23）。

1分 0.30303 cm ×10 → **1寸** 3.0303 cm ×10 → **1尺** 30.303 cm

アメリカでつかわれている長さの単位 in に換算すると、1分は約 0.119 in になる。

1分の10倍で、1寸は約 1.19 in。「1寸」という言葉には、「ほんのわずかな長さ」という意味がある。

1寸の10倍で、尺と寸と分の関係を式にすると、1尺＝10寸＝100分。メートル法で換算すると約30.3 cm。アメリカの単位の1 ft（→p23）とほぼ同じ。

『一寸の虫にも五分の魂』ということわざがあるが、これは小さくて弱いものにも意地や根性があるということ。1寸の半分が5分なので、小さな虫にも体の半分ほどの魂があるという意味だ。

1尺と1 ft がほぼ同じ大きさなのはどちらも体の大きさをもとにしているからだといわれている。1尺は、手を広げたときの親指の先から人さし指の先までの長さの2倍、1 ftは、足のつま先からかかとまでの長さ。

実物大 1寸 1分
1尺の 1/10 の長さ

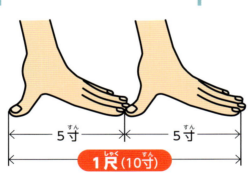

5寸　5寸
1尺（10寸）

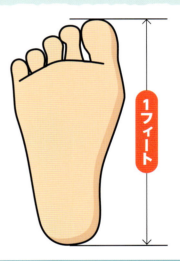

1フィート

1間 1.8182 m

約5.97 ft になる。現在「間」は、一般にはつかわれていないが、不動産関係ではよくつかわれる。1間の長さは、たたみの長いほうの辺の長さで、短い辺は長い辺の半分になっているので、たたみを2枚ならべると約1.82mの正方形になる。

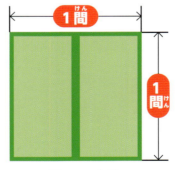

1間　1間

たたみの大きさは地域によってさまざまで、長辺が1.82 mのたたみは、おもに愛知や岐阜などでつかわれる「中京間」とよばれるたたみとなる（→③巻p2）。

1里 約3927 m

1里は約3927 m。中国から伝わったものをあらためて、江戸時代にこのように決めた（→p13）。

『母をたずねて三千里』というお話があるが、母親に会うために、とても遠いきょりをさがし歩いたということをあらわしている。

2 単位の歴史

人類がはじめてつくった長さの単位は、人の体の部分を基準としたものでした。巻頭まんがでも、子どもたちが手を広げたり、親指と人さし指を広げたりして長さの基準をつくっていたように、大昔の人類も、自然とそのようにして長さの単位にしたと考えられています。

古代文明では

古代のメソポタミア★やエジプト★、ローマ★などでは、腕のひじ部分から指先までを基準にして長さをはかりました。その長さが、「1キュービット」という長さの単位。しかし、その長さは、時代や地域によってまちまちで、450～500mmと幅があったようです。

なぜなら、基準が国王などの権力者の体の大きさだったからだと考えられています。人びとの体が大きな国もあれば、小さな国もあるので、当然です。

ピラミッド★や宮殿など、すぐれた建築物を残した古代エジプト文明でも、少なくとも2種類のキュービットがつかわれていました。

古代の中国では

古代中国＊の周代（紀元前1046年頃〜紀元前256年）には人が300歩進んだきょりを1辺とした範囲を基準として、広さをはかっていたと考えられています。

その後、1辺が360歩となり、それが「里」という長さの単位になり、それにともなって1歩を5尺とする長さの単位「尺」ができました。

そして、清代（1636年に満州に建国、1644年から1912年まで中国を統一した中国の王朝）まで続きました。

ただし、時代によって単位の長さは、変動していました＊。

＊1里は、およそ400mをあらわす単位だったが、時代とともに500m前後となり、1929年に500mとなった。

日本の長さの単位の歴史

古くから中国と交流があった日本では、長さの単位も中国のものがつかわれていました。それが11ページで紹介した単位です。

もっとくわしく

尺貫法

「尺貫法」は、日本古来の計量法のこと。その起源は、古代中国と考えられています。長さの単位が「尺」で、重さは「貫」、体積は「升」とされ、古くは701年の大宝律令のころからつかわれてきました。1891年に度量衡法（→④巻p25）が制定されましたが、その後しばらくメートル法と併用されていました（→①巻p23）。

万里の長城は本当に1万里？

360万歩でゴールできるかな？

3 世界共通の単位の決定

人類の体の一部を基準にした長さの単位は数千年にわたってつかわれてきましたが、いまから200年ぐらい前に大変革が起きたのです！
それまでは長さの基本単位は、国や地域によって大きくことなっていました。

メートル原器とは

近代に入り、ヨーロッパを中心に工業がさかんになるにつれて、長さの単位を世界規模で統一する必要が生じてきました。そうしたなか、いくつかの国が単位の統一に取り組みはじめましたが、18世紀末、フランスの科学者たちは世界じゅうが共通でつかえる長さの単位を考えだしました。長さの基準を地球の北極点から赤道までの子午線のきょりとし、その1千万分の1を1mとしたのです。

フランスがメートル（ギリシャ語で「測る」の意味）という単位を世界に向けて提案すると、国際会議などを経て、「m」を採用する国が増えていきました。1875年には「メートル条約」★ が調印され、「m」は世界じゅうでつかわれていきます。19世紀末には、「メートル原器」とよばれる1mをあらわす金属の棒がつくられ、メートル条約に加盟する各国に配られました。

1799年
北極点から赤道までの子午線のきょりの1千万分の1

メートルの長さを決めるために、地球の子午線（北極と南極をむすぶ線）の長さがもとめられた。北極点から赤道までのきょりを計算によってもとめ、その1千万分の1が1mとされた（→p16）。

1889年
メートル原器の両はしの目盛り線の間隔

メートル原器とは、写真にある金属の棒。全長は102cmで、両はし近くに刻まれた3本の目盛り線のうち、中央どうしの間隔が1m。メートル原器の断面は、変形を防ぐために「x」の形をしている。

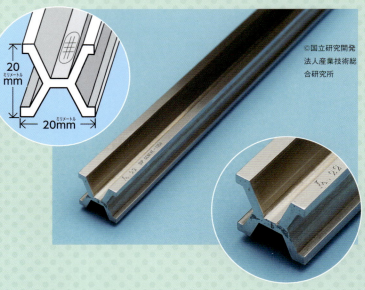

©国立研究開発法人産業技術総合研究所

光の速さの基準

科学技術がどんどん発達。それにともなって、非常に精密に長さを計量する必要が出てきました。すると、メートル原器では、精度が足らないといわれるようになります。また、各国に配った原器の長さが変化する可能性を否定できず、定期的に大元のメートル原器と比較する必要があるなど、手間がかかっていました。それらの解決のために、各国でさまざまな研究や議論が続けられたなか、1960年に国際度量衡総会★が開催され、「クリプトン86」とよばれる元素が真空中で放つ橙色の波長をもとに1mの長さが規定されました。

さらに1983年になると、光の速さと時間をもとにして、1mは、「2億9979万2458分の1秒のあいだに、光が真空中を進むきょり」と定義されたのです。

もっとくわしく

真空中の光の速さは 299792458 m/s

実は1983年に定義されたのは、光の速さでした。光が真空中をつたわる速度は、299792458m/s（1秒間に299792458m）と定義されました。光の速度を決めることで、逆に1mの長さが決定されたわけです。

1983年

光が $\frac{1}{299792458}$ 秒のあいだに進むきょり

真空中であれば、光の速さは一定であるという理論をもとに、より正確さをもとめて基準を変更。もともとの地球の子午線から定めた長さにあわせるために、中途半端な数値で定義されることとなった。

地球の大きさの発見

14ページの下のほうに、「1mは、地球の北極点から赤道までの
子午線のきょりの1千万分の1」とありましたが、
そもそも地球の大きさは、いつ、どうやってわかったのでしょうか。
じつは、紀元前にギリシャのエラトステネスという人がはかったといわれています。
しかも、かなり正確な値がもとめられました。

紀元前3世紀のエラトステネスという人

エラトステネスは、ギリシャ人。エジプトのアレクサンドリア★の図書館長をしていました。かれは、図書館の書物から、アレクサンドリアの南のシエネ（現在のアスワン）には深井戸があり、その井戸には夏至の正午にだけ水底まで太陽の光が届くことを知りました。それがどういうことを意味するかというと、その日の正午に、シエネで見た太陽は真上にあること。かれは、このことを利用して地球の大きさをはかりました（→右ページの図）。

かれは、シエネで太陽が真上にくる夏至の日、北に遠くはなれたアレクサンドリアでは、太陽は天頂より7.2度南に見えたことから計算すると、地球の全周が4万6000kmだとわかったのです。もう少しくわしくその計測方法を見ていきましょう。

16

エラトステネスの計測方法

アレクサンドリアの夏至の日。正午に、平板に棒を立てて、棒と影の長さをはかることで、太陽は真上（天頂）より7.2度南にあることが判明。次に、アレクサンドリアとシエネのきょりをはかりました。これは、アレクサンドリアからシエネに行くのにかかる日数から計算してもとめたといわれています。そのきょりは、5000スタジア。「スタジア」とは、当時ギリシャやエジプトでつかわれていた長さの単位（1スタジアだけは、1スタジオンという）。1スタジオンの長さは、177mから185mくらいだといわれていますが、かれが用いた1スタジオンが何mなのかは、正確にわかっていません。

かれは、これらのデータから地球の大きさをもとめました。下の図に示す5000スタジアは、地球全周の360分の7.2、すなわち50分の1にあたります。よって、地球全周は、5000×50＝250000スタジアになるわけです。これが、エラトステネスのもとめた地球の大きさです。

1スタジオンを184mとして計算すると、4万6000kmです。現在わかっている地球一周の長さは4万kmですから、かれがもとめた地球の大きさは、実際の地球より15％程度大きかったことになります。しかし、紀元前にその大きさがわかっていたのは、おどろくべきことではないでしょうか。

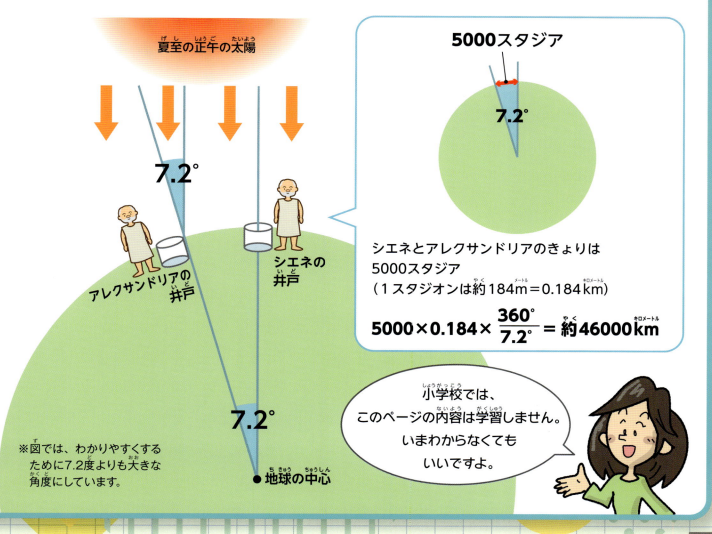

$$5000 \times 0.184 \times \frac{360°}{7.2°} = 約46000 \text{km}$$

17

4 mm、cm、m、kmの関係

1mが100cmであるとか、1cm＝10mmとか、また、1mは、1000分の1kmであるなど、長さの単位を別の単位にすることを、単位の「換算」「変換」といいます。でも、これが、多くの小学生の算数学習でひっかかるところになっています。

10倍、100倍、1000倍する

長さの単位のうちの小さい単位であらわされる長さを10倍、100倍、1000倍して、大きな単位に換算してみましょう。

1mm ×10	=	10mm	=	1cm
1cm ×100	=	100cm	=	1m
1m ×1000	=	1000m	=	1km

1000分の1、100分の1、10分の1 にする

こんどは、長さの単位のうちの大きい単位であらわされる長さを1000分の1、100分の1、10分の1にして、小さい単位に換算してみましょう。

1km × $\frac{1}{1000}$	=	0.001km	=	1m
1m × $\frac{1}{100}$	=	0.01m	=	1cm
1cm × $\frac{1}{10}$	=	0.1cm	=	1mm

もっとくわしく

k（キロ）とc（センチ）

長さの単位につかわれるkは、英語のkiloで、「千（1000）」という意味です。いっぽうcは、英語のcenti。これは、ラテン語で「百（100）」を意味するcentumに由来しています。

5 長さをはかる

いまでは、長さやきょりをはかるには、ものさしや巻き尺といった道具がつかわれています。しかし、それらがなかった時代の人は、体の一部をつかってはかっていました。また、12ページで見たとおり、腕のひじ部分から指先までの長さから、長さの単位をつくるなどをしてきました。ここでは、わたしたちが長さをはかる道具がない場合にどうするかを、もう一度まとめてみましょう。

いつ何どき長さが知りたくなるかも知れない

ものさしも巻き尺もないにもかかわらず、なにかの長さをはからなければならないときや、予期せぬ災害にあい、そのなかでものをはかる必要が出てきたときなど、自分の体の一部をつかってはかることができるように、自分の体の各所の長さを知っておくとよいでしょう。

親指と人さし指を思い切り広げた長さ
13 cm

指を広げた長さ
15 cm

爪の長さ（先端の白く見える部分をふくまない）
1 cm

にぎりこぶしの長さ（親指を除いたにぎりこぶしの長さ）
8 cm

昔の日本では、「一束」という単位でよばれ、実際にものさしのない時代からにぎりこぶしは計測につかわれていました。

※数字は小学4年生の例。

腕

両手を広げた長さ
140 cm

足

足のつま先からかかとまでの長さ
22〜23 cm

身近なものの長さ

ものさしがわりにつかえる身近なものといえばなんでしょうか。いろいろ考えられますが、お金はどうでしょう。

1000円札の横の長さは15cm、1円玉の直径は2cmと区切りのよい長さですので覚えておくといいでしょう。

紙幣

7.6 cm / 15 cm

15.6 cm

16 cm

現在つかわれているお札

	1000円札	2000円札	5000円札	1万円札
たての長さ	7.6cm	7.6cm	7.6cm	7.6cm
横	15cm	15.4cm	15.6cm	16cm

現在つかわれている硬貨

	1円玉	5円玉	10円玉	50円玉	100円玉	500円玉
硬貨の直径	2cm	2.2cm	2.35cm	2.1cm	2.26cm	2.65cm

硬貨

実物大

実物大

クレジットカード

クレジットカードはお金以上に長さの基準になるといえる。なぜならクレジットカードのサイズは発行する会社にかかわらず世界共通であるから。ただし、そのサイズはたて5.398cm×横8.56cm×厚み0.076cmと、キリのよい数字ではない。

実物大

実物大

交通系ICカード

Suicaは東日本旅客鉄道株式会社の登録商標。

交通系ICカードは、クレジットカードとサイズが同じ。SuicaやPASMOなどがこのサイズに該当する。写真はSuica定期券。

実物大

鉛筆

日本の鉛筆の長さは、JIS規格*で17.2cm以上と決められている。最初にこれに近い長さを決めたのは、ドイツ人のルター・ファーバー氏で、おとなの手のひらの付け根から中指の先までの長さからとったといわれている。

はがき

一般的なポストカードや郵便はがきのサイズは、たて14.8cm×横10cmとなっている。商用のダイレクトメールや挨拶状、年賀状などの「はがき」とよばれるものの多くがこのサイズ。

ノート

ノートとして一般的によくつかわれているのが、セミB5サイズ*とA4サイズ。前者は、たて25.2cm×横17.9cm、後者はたて29.7cm×横21cmとなっている。

*セミB5はB5サイズ（たて25.7cm×横18.2cm）を少し小さくしたもの。

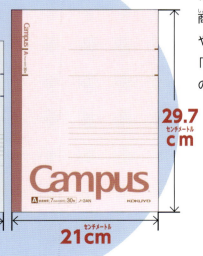

25.2 cm / **17.9 cm** / **29.7 cm** / **21 cm**

21

6 「歩測」とは

「歩測」とは、紀元前3世紀にアレクサンドリアからシエネ間のきょりをはかったように、実際に歩いてはかることをいいます。歩測は、自分の歩幅を知り、はかろうとするきょりを何歩でいくかを数え、歩幅×歩数できょりを計算するのです。

歩幅のはかり方

歩測をするには、自分の歩幅を知る必要があります。次の方法で、自分の歩幅を調べてみましょう。

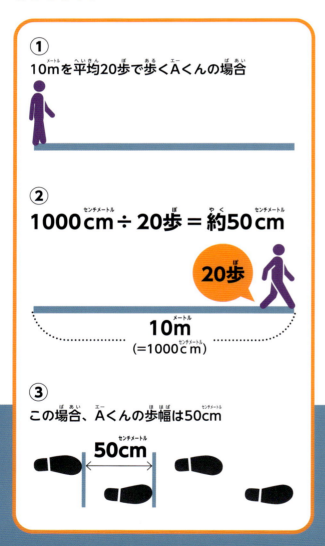

歩幅がわかれば

歩幅がわかった人は、はかろうとするきょりを歩くのに何歩歩いたかを調べます。左の表のように歩幅が50cmのAくんは、10歩歩けば500cm（＝5m）のきょりを歩いたことになります。もし1525歩歩いたら、50cm×1525歩＝76250cm（＝762m50cm）が、はかろうとしたきょりということです。

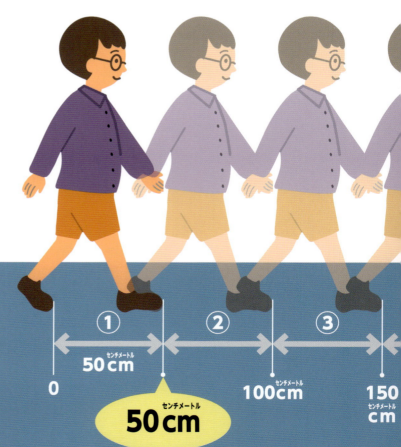

歩幅をちぢめて

歩幅のかわりに足の長さで数えるとどうなるでしょうか。そう、長さの単位 ft ができたときの基準とされた長さです（→p11）。1 ft は、30.48cm と決められていますが、「自分のフィート」（my feet）を自分でつくってみてはどうでしょう。

① **自分のつま先からかかとまでの長さを調べる**
② **はかろうとするきょりを、つま先とかかとをくっつけながらゆっくり歩く**
③ **「自分のフィート」× 歩いた歩数で計算してはかろうとするきょりをもとめる**

左ページと同じことですが、左ページの歩測ほど長いきょりを歩くのはたいへんですので、比較的短いきょりをはかるときに適している測量方法だといえます。また、左ページの方法よりも、この方法は正確にはかることができます。

④ 200cm ⑤ 250cm ⑥ 300cm ⑦ 350cm ⑧ 400cm ⑨ 450cm ⑩ 500cm

7 道のり・時間・速さ

「道のり」は、速さ×時間でもとめます。でも、そもそも速さとはなんでしょうか。「速さ」とは、たいてい1秒間に進んだ道のりであらわします。1秒間に5m進む速さは、5m/sと記します。sは1秒のこと。「/s」は、「1秒間ごとに」を意味しています。

1分間、1時間の場合

1秒間に20m進む速さは20m/sと記します。1時間に60km進む速さは、60km/hです。「/m」は、「1分ごとに」を、また「/h」は、「1時間ごとに」を意味します。

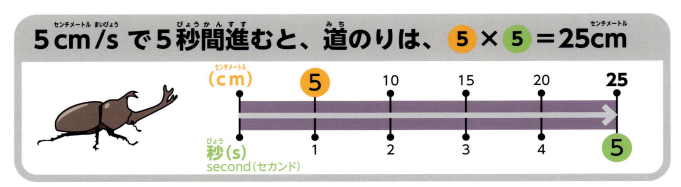

5cm/sで5秒間進むと、道のりは、5×5＝25cm

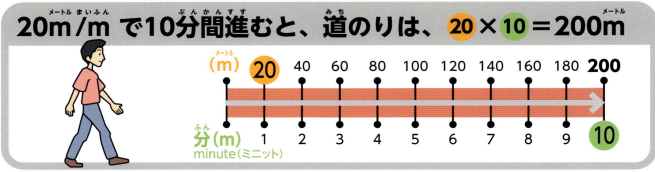

20m/mで10分間進むと、道のりは、20×10＝200m

60km/hで3時間進むと、道のりは、60×3＝180km

ここでわかるのは、右の式です。 速さ × 時間 ＝ 道のり

道のりを時間でわると速さがわかる。また、速さでわると時間がわかる。つまり、道のり÷時間＝速さ　道のり÷速さ＝時間

24

速さくらべ

次に Ⓐ Ⓑ Ⓒ の場合の速さをくらべてみましょう。どうすれば、それぞれの速さをくらべられるでしょうか。

Ⓐ 25cmを5秒間で進む

Ⓑ 200mを10分間で進む

Ⓒ 18kmを2時間で進む

それには、すべて1時間ではどのくらい進むことになるかに基準をそろえます。

Ⓐ がいちばんたいへんです。単位を秒から分へ、さらに分から時へと変換しなければなりません。単位を時にそろえるには、次のようにします。

Ⓐ は、25cmを5秒間で進むなら、5秒の12倍の60秒（1分）なら、25cm×12＝300cm進むことになります。さらに、1時間なら、300cmの60倍で18000cmとなり、18000cm＝180m＝0.18kmと書きあらわすことができます。

Ⓑ は、200mを10分間で進むなら、10分の6倍の1時間なら、200m×6＝1200m進むことになります。1200m＝1.2kmです。

Ⓒ は、18kmを2時間で進むなら、その半分の1時間なら、9km進むことになります。

このようにすべてを同じ基準に換算してみると、下のとおりすぐに速さをくらべることができるわけです。

Ⓐ 1時間に0.18km （0.18km／h）

Ⓑ 1時間に1.2km （1.2km／h）

Ⓒ 1時間に9km （9km／h）

もっとくわしく

道のりときょりのちがい

ふたつの場所のあいだをなにかが動いたとき、その動いたあとにそって移動した長さのことを「道のり」といいます。だから動いたあとがまがっていたときは、道のりときょりとはちがってきます。なぜならきょりはふたつの場所の最短の直線きょりだからです。

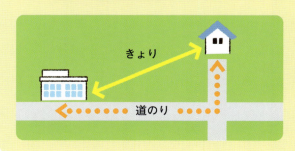

秒速、分速、時速

「秒速」とは、1秒間に進む道のり（mやcm）のことで、「分速」は、1分間に進む道のり（m）、「時速」は、1時間に進む道のり（km）のことをいいます。

なお、小学校では 速さは時速60kmのように「時速」を単位の前に必ずつけますが、中学校以降では「60km／時」や「60km／h」のようなあらわし方をします（60km毎時と読みます）。

秒速	分速	時速
○／秒	○／分	○／時
○／s	○／m	○／h

25

8 角度の単位

紀元前3世紀のエジプトでは、太陽は真上（天頂）より7.2度南にあることから、地球の大きさを知ったとされています（→p16）。この本の最後は、角度の単位です。なお、小学校では、直角を2年生、角の大きさは3年生、角度については4年生で学習します。1回転がなぜ360度かは、1年の日数（約360日）に由来しているからです。

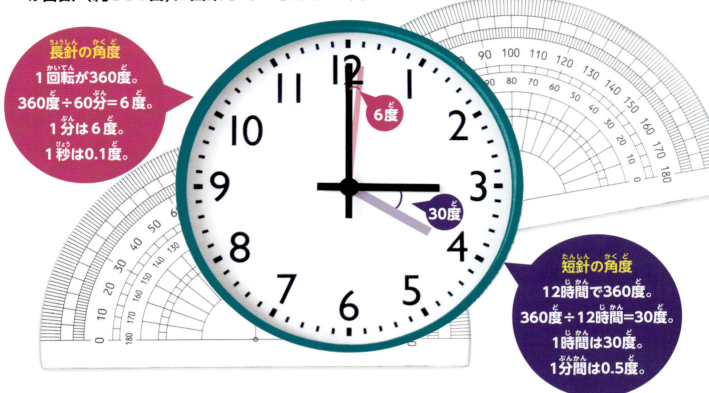

長針の角度
1回転が360度。
360度÷60分＝6度。
1分は6度。
1秒は0.1度。

短針の角度
12時間で360度。
360度÷12時間＝30度。
1時間は30度。
1分間は0.5度。

角度の単位は時間の単位と同じ12進法

　このシリーズ①巻には、人類がはじめてはかったものは時間だったと記してありますが、ここでは、時間の次につくられた単位は、もしかすると角度かもしれないという話をします。なぜなら、角度の単位には12進法★がつかわれていますが、現在つかわれている単位のほとんどは10進法★で、それに対し、時間の単位だけが12進法がつかわれているからです。

　角度の起源は、古代バビロニア★だと考えられています。1年間は12か月で、365日と考えたバビロニア人は、天空を365に分けた（それがめんどうなので360に分けた）のが、角度の起源です。

　このため、角度も時間の単位とともに、人類の単位の歴史上早い段階につくられていたと推察されています。

　そしてその単位は、時間と同じで、60分の1度を1とする「分」、60分の1分を1とする「秒」がつかわれています。

見上げ角

「長さ」といわれるもののなかには、「高さ」もふくまれています。建物や木の場合、高さ（長さ）をはかるには、ものさしはもちろん巻き尺もつかいにくいでしょう。そこで登場するのが、「見上げ角」です。「見上げ角」は、「物を見上げたときの視線の方向と水平面とのなす角」のことです。どうすれば高さをはかることができるでしょうか。

建物や木の高さは目測で

「目測」は、目分量で長さ・高さ・広さなどをはかることです。まちで見かける建物や木の高さも、一般的な建物の高さを覚えていれば、それとくらべることで目測することができます。でも、正確にはかりたい場合は、見上げ角をつかってはかるとよいでしょう。

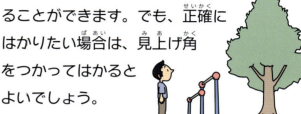

もっとくわしく

見上げ角のはかり方

建物や木の高さをはかるための「見上げ角ばかり」をつくって、じっさいに高さをはかってみましょう。

❶ 図（1-a）のように、長方形の厚紙に分度器をつかって0°から90°までの目もりを書く。目もりは0°から10°までは1°ずつ、10°以上は5°ずつ書く。

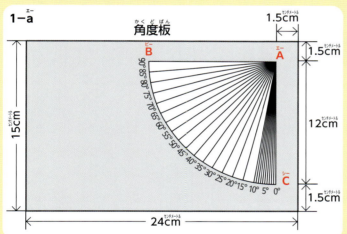

糸（約15cm）のはしに5円玉をつるし、もういっぽうにようじを折ったものをむすびつけ、A のところにあなをあけて、ようじをさしこむ（1-b）。

❷ 「見上げ角ばかり」を手に持ち、見上げ角ばかりから地面までの高さ（H）をはかる。

❸ 角度板のA B をのばした線が、木のてっぺんとあうように見上げ角ばかりを向け、糸がさしている目もり（X）を読む。

❹ 自分の立っているところから木までのきょり（Y）を巻き尺などではかる。

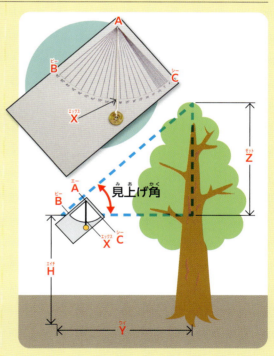

❺ 紙に Y の100分の1の長さを底辺として、見上げ角（X）をつかった直角三角形をかく。

❻ Z の長さをものさしではかる。

❼ Z の長さを100倍にして H（目の高さ）をたすと、地面から木の高さがわかる。

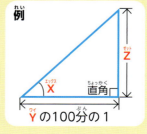

27

長さの感覚を育てよう！

みなさんは、1mm、1cmの長さがどのくらいなのか、道具をつかわずに自分の感覚だけでしっかり見分けることができるでしょうか？　この本の最後は、みなさんの長さ感覚をチェックしてみましょう。

Q1　1mmをさがせ！

ここにあるアイウエオの線は、それぞれのペンで書いたものです。
1mmの線はどれ？

Q2　直径1cmの円は、カキクケコのどれかな？

Q3 1辺が4.5cmの正方形は、サシスセソのどれかな？

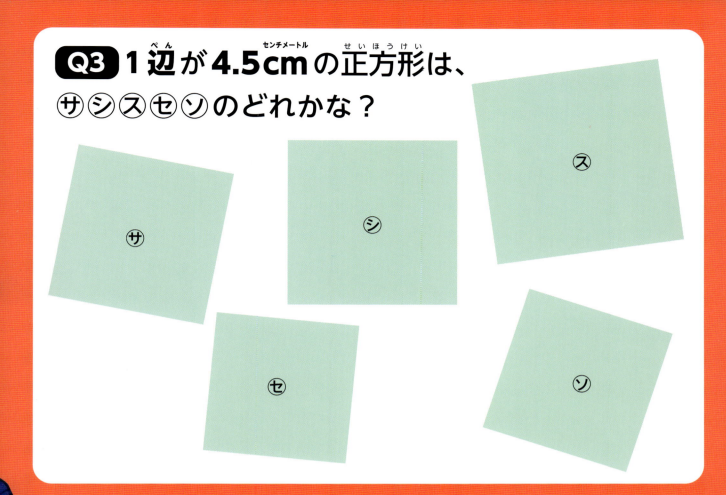

Q4 1辺（青い線）が2cmの立方体は、タチツテトのどれ？

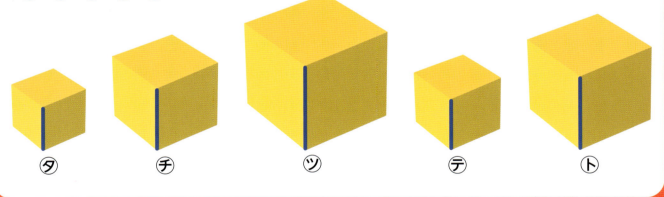

Q5 この本の紙のサイズは、たて・横それぞれ何mm？

- ナ たて297mm 横210mm
- ヌ たて287mm 横200mm
- ノ たて277mm 横190mm
- ニ たて290mm 横207mm
- ネ たて280mm 横197mm

→答えはp32へ

29

用語解説

本文を読む際の理解を助ける用語を50音順にならべて解説しています（本文のなかでは、右肩に★印をつけた用語）。（ ）内は、その用語が掲載されているページです。★印は初出のみにつけています。

アレクサンドリア （P16、17、22）

紀元前331年、ギリシア北部に位置したマケドニア王国のアレクサンドロス3世が、自分の名をつけてエジプト地中海沿岸に建設した都市。産業・文化の中心地としてさかえ、のちに約1000年にわたってエジプトの首都となった。

国際度量衡総会 （P15）

メートル条約に加盟している主要国の代表によって、世界共通の単位の基準である国際単位系（SI）（→①巻P13）の確認や維持などを目的としておこなわれる会議。基本的に4年ごとに開催。

古代エジプト （P12）

ナイル川の下流域を中心としてさかえた国。紀元前3000年ごろに、複数の部族がひとつの王国に統一されたと考えられている。

古代中国 （P13）

紀元前1600年～221年ごろまでの中国のこと。北部をながれる黄河流域にできた小さな集落がまとまり、殷という王朝がうまれたのがはじまり。

古代バビロニア （P26）

紀元前1900年、メソポタミアの南部にあるバビロニアでさかえた国。ハンムラビ王（→①巻P21）の時代に最盛期をむかえた。

古代メソポタミア （P12）

西アジアのチグリス川・ユーフラテス川にはさまれた地域。紀元前3500年ごろ世界最古の文明であるメソポタミア文明がうまれた。

古代ローマ （P12）

紀元前753年に、ラテン人によって建国された都市国家。イタリア半島を統一したのち、地中海を支配するなど勢力を広げ、1000年以上にわたって続いた。

JIS規格 （P21）

Japanese（日本）Industrial（産業）Standards（規格）の略。日本の産業製品に関する寸法や品質などについて国が定めた規格のこと。経済産業省が認定し、認定された製品にはJISマークがつけられる。

10進法 （P26）

0～9までは1けたであらわし、10になると2けたになり、さらに100になると3けたになるというように、それぞれの1けた目の数字が「10」になるとけたがくりあがる数のあらわし方。

12進法 （P26）

12まとまるごとに、けたがくりあがる数のあらわし方。12は2、3、4、6とわりきることができる数字が多く、便利な数字として知られる。

ピラミッド （P12）

石またはれんがを使用してつくられた、四角すい型の建造物。古代エジプトのピラミッドは、当時の単位であるキュービットを用いて、王・王妃の墓として建てられたと考えられている。

メートル条約 （P14）

メートル法による単位の国際的な統一と普及を目的として、1875年にフランスのパリで締結された条約。現在の加盟国は63か国。1mを基本としてつくられた単位のしくみであるメートル法は、面積や体積などほかの単位をかんたんにあらわすことができ、世界の国ぐにで広くつかわれるようになった。1954年におこなわれた国際度量衡総会で、メートル法を整理し発展させた国際単位系（SI）（→①巻P13）が採択された。

さくいん

さくいんは、本文および「もっとくわしく」から用語および単位名・人物名をのせています（用語解説に掲載しているものは省略）。

あ

アメリカ	11
1円玉	20
一寸の虫にも五分の魂	11
一束	19
インチ(in)	11
鉛筆	21, 28

か

角度	17, 26
貫	13
キュービット	12
きょり	10, 13, 14, 15, 16, 17, 19, 22, 23, 25
ギリシャ	16, 17
キロ(k)	18
キロメートル(km)	25
空間的な長さ	10
クリプトン86	15
クレジットカード	21
蛍光ペン	28
夏至	16, 17
間	11
交通系ICカード	21
5円玉	27
古代エジプト文明	12

さ

サインペン	28
シエネ	16, 17, 22
時間的な長さ	10
子午線	14, 15, 16
時速	25
尺	11, 13
尺貫法	13
周代	13
升	13
清代	13
Suica	21
スタジア	17
製図用ペン	28
1000円札	20
センチ(c)	18

た

大宝律令	13
高さ	10, 27
中京間	11
ディスタンス	10
天頂	16, 17, 26
度量衡法	13

な

年賀状	21
ノート	21

は

PASMO	21
母をたずねて三千里	11
速さ	15, 24, 25
秒速	25
広さ	13, 27
分	11
フィート(ft)	11, 23
深さ	10
フランス	14
分速	25
分度器	27
ポストカード	21
歩測	22, 23

ま

巻き尺	19, 27
満州	13
万年筆	28
見上げ角	27
見上げ角ばかり	27
道のり	24, 25
メートル原器	14, 15
メートル法	11, 13
目測	27
ものさし	19, 20, 27

や

郵便はがき	21

り

里	11, 13

31

いろいろな面積の単位

表の見方

- ■の部分は、左側に示すそれぞれの単位の1平方メートル（m²）、1アール（a）、1坪、1エーカー（ac）などを示している。
- ■の部分の上下を見ると、たとえば 1a が 100 m² とか 0.01 ha、30.25坪であることがわかる。

- たとえば昔の単位の1反は現代の単位ではどのくらいになるかを知ろうとした場合、1反を見れば、その2つ上の300から300坪だと、またいちばん上の数字から991.74 m² であるとわかる。

面積の単位の換算早見表

		平方メートル (m²)	アール (a)	ヘクタール (ha)	平方キロメートル (km²)	坪
メートル法	平方メートル (m²)	**1 m²**	100	10000	1000000	3.31
メートル法	アール (a)	0.01	**1 a**	100	10000	0.03
メートル法	ヘクタール (ha)	—	0.01	**1 ha**	100	—
メートル法	平方キロメートル (km²)	—	—	0.01	**1 km²**	—
尺貫法	坪 (歩)	0.3	30.25	3025	—	**1 坪**
尺貫法	畝	0.01	1.01	100.83	10083.3	0.03
尺貫法	反	—	0.1	10.08	1008.33	—
尺貫法	町	—	0.01	1.01	100.83	—
ヤード・ポンド法	平方フィート (ft²)	10.76	1076.39	—	—	35.58
ヤード・ポンド法	平方ヤード (yd²)	1.2	119.6	11959.9	—	3.95
ヤード・ポンド法	エーカー (ac)	—	0.02	2.47	247.11	—
ヤード・ポンド法	平方マイル (mile²)	—	—	—	0.39	—

さくいん

さくいんは、本文および「もっとくわしく」から用語および単位名・人物名をのせています（用語解説に掲載しているものは省略）。

あ

アメリカ	11
1円玉	20
一寸の虫にも五分の魂	11
一束	19
インチ(in)	11
鉛筆	21, 28

か

角度	17, 26
貫	13
キュービット	12
きょり	10, 13, 14, 15, 16, 17, 19, 22, 23, 25
ギリシャ	16, 17
キロ(k)	18
キロメートル(km)	25
空間的な長さ	10
クリプトン86	15
クレジットカード	21
蛍光ペン	28
夏至	16, 17
間	11
交通系ICカード	21
5円玉	27
古代エジプト文明	12

さ

サインペン	28
シエネ	16, 17, 22
時間的な長さ	10
子午線	14, 15, 16
時速	25
尺	11, 13
尺貫法	13
周代	13
升	13
清代	13
Suica	21
スタジア	17
製図用ペン	28
1000円札	20
センチ(c)	18

た

大宝律令	13
高さ	10, 27
中京間	11
ディスタンス	10
天頂	16, 17, 26
度量衡法	13

な

年賀状	21
ノート	21

は

PASMO	21
母をたずねて三千里	11
速さ	15, 24, 25
秒速	25
広さ	13, 27
分	11
フィート(ft)	11, 23
深さ	10
フランス	14
分速	25
分度器	27
ポストカード	21
歩測	22, 23

ま

巻き尺	19, 27
満州	13
万年筆	28
見上げ角	27
見上げ角ばかり	27
道のり	24, 25
メートル原器	14, 15
メートル法	11, 13
目測	27
ものさし	19, 20, 27

や

郵便はがき	21

り

里	11, 13

31

■著
稲葉茂勝（いなば　しげかつ）
1953年東京生まれ。大阪外国語大学、東京外国語大学卒業。国際理解教育学会会員。子ども向け書籍のプロデューサーとして約1500冊を手がけ、「子どもジャーナリスト（Journalist for Children）」としても活動。
著書として『目でみる単位の図鑑』、『目でみる算数の図鑑』、『目でみる1mmの図鑑』（いずれも東京書籍）や『これならわかる！　科学の基礎のキソ』全8巻（丸善出版）、「あそび学」シリーズ（今人舎）など多数。2019年にNPO法人子ども大学くにたちを設立し、同理事長に就任して以来「SDGs子ども大学運動」を展開している。

■監修協力
佐藤純一（さとう　じゅんいち）
国立学園小学校校長。専門は算数。

小野　崇（おの　たかし）
桐朋学園小学校理科教諭。

■絵
荒賀賢二（あらが　けんじ）
1973年生まれ。『できるまで大図鑑』（東京書籍）、『電気がいちばんわかる本』全5巻（ポプラ社）、『多様性ってどんなこと？』全4巻（岩崎書店）など、児童書の挿絵や絵本を中心に活躍。

■編集
こどもくらぶ
あそび・教育・福祉分野で子どもに関する書籍を企画・編集。あすなろ書房の書籍として『著作権って何？』『お札になった21人の偉人　なるほどヒストリー』『すがたをかえる食べもの［つくる人と現場］』『新・はたらく犬とかかわる人たち』『狙われた国と地域』などがある。

※本シリーズでの単位記号の表記について
このシリーズでは、「リットル」の表記を「L」、「アール」の表記を「a」、「グラム」の表記を「g」で統一しています。

---

p29のクイズの答え

Q1 イ（1mm製図用ペン）　　**Q4** ト
Q2 ク　　**Q5** ナ
Q3 シ

■装丁／本文デザイン
長江知子

■企画・制作
株式会社 今人舎

■撮影協力
表紙、p6、p7：国立学園小学校
p19、p20、p23：桐朋学園小学校

■写真提供
P20：国立印刷局
P20：独立行政法人造幣局
P21：東日本旅客鉄道株式会社
P21：楽天カード株式会社
P21：日本郵便株式会社
P21：コクヨ株式会社

■写真協力
P21：yossan.my・stock.adobe.com

■参考資料
国立研究開発法人産業技術総合研究所
計量標準総合センター　ホームページ
「基本単位の標準」
https://unit.aist.go.jp/nmij/library/
mise_en_pratique/
「日本国メートル原器」
https://unit.aist.go.jp/nmij/library/
nmij_icp/metre.html
「メートル条約締結と原器の来日」
https://unit.aist.go.jp/nmij/library/
nmij_icp/introduction.html

『これならわかる！　科学の基礎のキソ　単位と物質』（左巻健男・監修　こどもくらぶ・編　丸善出版・刊）

この本の情報は、2024年10月までに調べたものです。今後変更になる可能性がありますのでご了承ください。

「目からウロコ」単位の発明！　②長さ・角度・速さの単位　人類は、いろいろなものをはかるようになった　NDC410

2024年12月30日　　初版発行

著　者　稲葉茂勝
発行者　山浦真一
発行所　株式会社あすなろ書房　　〒162-0041　東京都新宿区早稲田鶴巻町551-4
　　　　電話　03-3203-3350（代表）
印刷・製本　株式会社シナノパブリッシングプレス

©2024　INABA Shigekatsu
Printed in Japan

32p／31cm
ISBN978-4-7515-3232-4

いろいろな面積の単位

表の見方

・■の部分は、左側に示すそれぞれの単位の1平方メートル（m²）、1アール（a）、1坪、1エーカー（ac）などを示している。

・■の部分の上下を見ると、たとえば1aが100m²とか0.01ha、30.25坪であることがわかる。

・たとえば昔の単位の1反は現代の単位ではどのくらいになるかを知ろうとした場合、1反を見れば、その2つ上の300から300坪だと、またいちばん上の数字から991.74m²であるとわかる。

面積の単位の換算早見表

		1 m²	1 a	1 ha	1 km²	1坪
メートル法	平方メートル（m²）	1 m²	100	10000	1000000	3.31
	アール（a）	0.01	1 a	100	10000	0.03
	ヘクタール（ha）	—	0.01	1 ha	100	—
	平方キロメートル（km²）	—	—	0.01	1 km²	—
尺貫法	坪（歩）	0.3	30.25	3025	—	1坪
	畝	0.01	1.01	100.83	10083.3	0.03
	反	—	0.1	10.08	1008.33	—
	町	—	0.01	1.01	100.83	—
ヤード・ポンド法	平方フィート（ft²）	10.76	1076.39	—	—	35.58
	平方ヤード（yd²）	1.2	119.6	11959.9	—	3.95
	エーカー（ac）	—	0.02	2.47	247.11	—
	平方マイル（mile²）	—	—	—	0.39	—